EZENN MOOR

BRISES DE MER

EDITIONS « LES PASSEREAUX »

6, Rue Président-Krüger, 6

VILLENEUVE-SAINT-GEORGES (Seine-et-Oise)

— 1927 —

BRISES DE MER

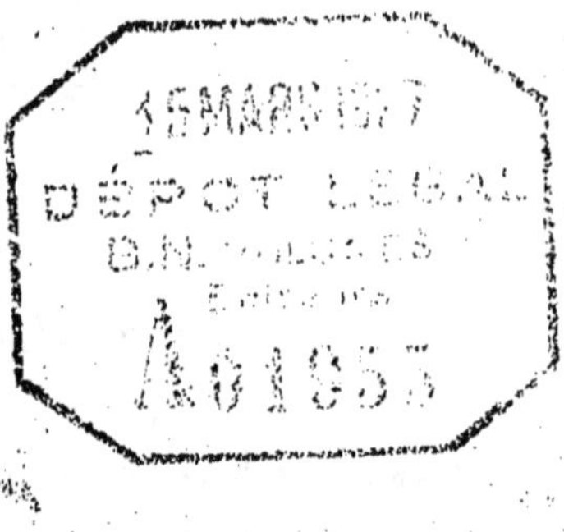

EZENN MOOR

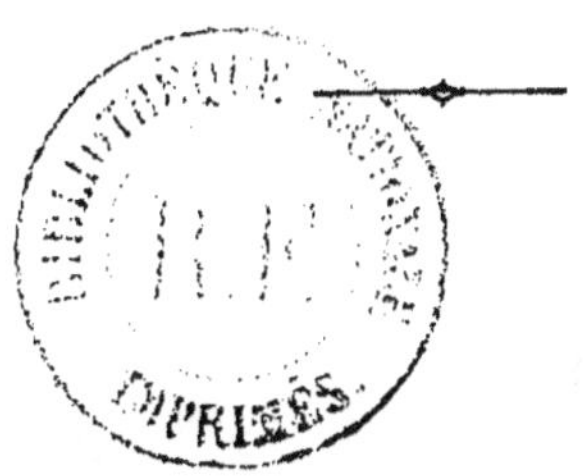

BRISES DE MER

EDITIONS « LES PASSEREAUX »

6, Rue Président-Krüger, 6

VILLENEUVE-SAINT-GEORGES (Seine-et-Oise)

— 1927 —

BRISES DE MER

Frémissantes, là-haut, les chasseuses de brume,
Nous parcourons les mers et chantons nos refrains
Qui font battre le flot et le cœur des marins
Qui rêvent du rivage où le phare s'allume.

Nous les chantons, tout bas, la mer vierge d'écume,
Ailes douces, nous éployant aux ciels sereins.
Nous les chantons, plus haut, et libres de tous freins,
Dans nos brusques réveils, à la vague qui fume.

Des mers aux continents, à travers plaines, monts.
Par nos heurts et nos bruits, si nous vous alarmons,
Soyez plus confiants, entr'ouvrez-nous vos portes.

Nous avons retenti du chant des artimonts,
Nous imprégnant des sels, de l'odeur des goëmons,
Que nous vous apportons, brises saines et fortes.

PERMISSION DU MARIN

Qui dira le charme des heures,
La douceur de l'émotion
Que les marins dans leurs demeures,
Goûtent par toi, permission.

C'est après la mer qui les roule,
Perdus sur son immensité,
Leur surprise devant la foule
Troublant leurs pas en liberté.

Saouls des fracas de la tempête,
Vagues déferlant sur le pont,
Pour quelques jours, tournant la tête
A leur maison flottante, ils vont :

Vers leur chez eux, pays de rêve,
Où tout paraît plus beau qu'ailleurs.
Les flots eux-mêmes sur la grève,
Leur semble avoir des airs rieurs ;

Leurs souvenirs, toujours fidèles,
Ils voient les nids, les champs, les bois
Comme autant de choses nouvelles
Dans leur incomparable voix.

Tout chante en leur âme surprise,
La chanson douce du retour :
C'est le village et son église,
Qu'ils unissent dans leur amour.

Le vieil enclos, avec la tombe
Qui garde le sommeil des leurs,
Dont le soin parfois leur incombe,
Où se ravivent leurs douleurs.

Et la porte de la chaumière
S'ouvre, au bruit de leur pas lointain,
Plus vite encor qu'à la lumière
Du plus resplendissant matin.

Qui donc est là, vive, empressée ?
Quelqu'un de cher qui sait leur pas :
Une mère, une fiancée,
Dont le cœur ne se trompe pas.

Le foyer s'éclaire, flamboie,
Dans l'odeur des mets les meilleurs,
Ce sont des chants, des cris de joie,
De tendres mains rangent des fleurs ;

C'est le calme après la tempête
Qui chante loin d'eux ses refrains,
Où chaque jour est jour de fête
Dans l'oubli des anciens chagrins.

LA SOLITUDE

Une source chantait aux profondeurs des bois ;
Beaucoup s'aventuraient sur sa route incertaine,
Mais les plus attentifs nous la disaient lointaine ;
L'écho répercuté dans leur cœur aux abois,

Ils conservaient l'espoir, attirés par la voix,
D'atteindre quelques jours le bord de la fontaine ;
Orateur et savant, poète et capitaine,
L'écoutaient s'épancher, plus proche chaque fois.

« Le silence et la paix dans leur mansuétude »
« Elisant domicile au fond de mon abri »
« Vous entr'ouvrent ma porte et vous auront souri. »

« Fruit de la méditation et de l'étude, »
« O source enchanteresse, à l'ombrage fleuri »,
« Accessible aux seuls forts, je suis la Solitude ».

LE SOIR SOUS LES TROPIQUES

Qu'il est puissant et beau, le soleil des Tropiques,
Sur les bords embaumés des rivages déserts,
Quand il rejoint sa tombe à l'infini des mers,
Et qu'il garde, en plongeant sous les cieux magnifiques,
Inondés des reflets des grands nuages d'or,
Sa couronne de feu, comme un dieu qui s'endort.

Mais a-t-il disparu sous la plus lointaine arche
Des temples lumineux que les nuages font,
Mille couleurs teignant leur sublime plafond,
Que, sur l'autre horizon, le crépuscule en marche,
Comme un vent de poussière ou de cendre plutôt
Dont l'espace s'emplit, monte toujours plus haut.

Sur le miroir uni de l'eau qui le reflète,
A la lisière sombre où s'endort la forêt,
Il s'incline pour voir l'étoile qui paraît
Dans son voile d'azur à frange violette,
S'épand, fleuve sans rive, au flot sans cesse accru,
Sur le lit encor chaud du soleil disparu.

Le jour a relâché son étouffante étreinte,
Où, lasse des ardeurs d'un éternel été,
Le sein voluptueux, odorant, agité,

Plus expansive enfin, hors de toute contrainte,
La terre entend, du soir tous les bruits réunis,
Le concert journalier aux chanteurs infinis.

Débordant sur le ciel, la nuit bleue, étoilée,
Appelle la détente où naissent les désirs,
Où tout s'anime et chante au souffle des zéphirs,
Confondant le soupir et la plainte exhalée,
Des flots sur le rivage et des feuilles des bois,
N'en fait qu'une musique aux innombrables voix.

Sur les plus hauts sommets régnant sur la contrée,
Jusqu'au gouffre où l'eau gronde, à grands bruits, nuit
Retentit la chanson d'espérance et d'amour   [et jour
Des cœurs reconnaissants, de la chose ignorée,
Du boabab géant, de l'herbe des sillons,
Des rainettes, du buffle et des petits grillons.

Elle se poursuivra, murmurante, sonore.
Très avant dans la nuit, comme un immense chœur
Couvrant l'immensité de son refrain vainqueur,
Prière passionnée au Dieu que tout adore,
Où l'âme, s'épanchant, va, d'un élan béni,
Vers la Source dont elle a soif.... à l'infini !

LA NUIT

Dans le jour qui prend fin, mon aile se déploie.
Lentement sur mes pas se restreint l'horizon
Où, plus seuls, tout à coup, bercés par ma chanson,
Par moi vous retrouvez et le calme et la joie.

Mais une étoile éclot qui vous ouvre sa voie,
Puis d'autres ont paru, la riche floraison !
Pareille à la rosée humectant le buisson
Perle offerte au baiser du matin qui flamboie.

Quand vous rampez comme de misérables vers,
Le plus souvent non satisfaits de son domaine,
Les espaces, toujours plus grands, se sont ouverts,

Devant ce monde aux tourbillons d'astres divers,
Où, pris à mes filets, palpite l'univers :
Vous demeurez pensif, songeant à qui les mène.

LES SANGLOTS DE LA FIANCÉE

« Il était bon ! Il était beau !
Il dort couché dans son tombeau !
Grand Océan sans fond, ta vague monstrueuse
Me le ravit un jour. O terrible aboyeuse !
    Ses grands yeux attendris :
    Pourquoi les as-tu pris ? »

« C'était ici que, chaque soir,
Nous venions tous deux nous asseoir,
Au murmure des flots, mains tendrement unies,
Demandant à l'amour ses ivresses bénies,
    Mer, sous tes voiles gris,
    Pourquoi me l'as-tu pris ? »

« Loin de moi, pour toujours il dort ;
Là-haut, pour lui, les astres d'or
En vain rebrilleront ; dans tes fonds sans lumière,
Les yeux à jamais clos, il roule sur la pierre,
    Balloté, sans abris.
    Pourquoi me l'as-tu pris ? »

« O mer ! cause de mes tourments,
Confidente de nos serments,
Toi qui mis entre nous : la mort, cette barrière,
Oh ! que ne t'attendris-tu pas à ma prière ?
Qu'il entende mes cris !
Pourquoi me l'as-tu pris ? »

« Cachant son visage défait,
La jeune amante poursuivait
Sa déchirante plainte. A l'infini des grèves,
A son image, hélas ! D'autres pleuraient leurs rêves.
Le flot plein de débris :
Pourquoi me l'as-tu pris ? »

« Sans les entendre, au loin, la mer
Répond, ses bruits remplissant l'air,
« Les frères de vos morts sont déjà sur la route »
Où vos sœurs, à leur tour, face à la même voûte,
Diront, pleines de cris ;
Pourquoi me l'as-tu pris ? »

AFFLICTION

Je suis comme un grand fleuve en butte aux vents sif-
Fait d'un flot lourd et noir, autant que le bitume :   [fleurs,
Dans lequel je vous roule, abreuvés d'amertume
Où vos moindres plaisirs sont monnayés de pleurs.

Tumultueux, je sors du puits de la douleur,
Auguste forgeron dont le brasier s'allume
A votre intention ; et le cœur sur l'enclume,
L'homme crucifié, debout dans sa pâleur.

Plongés dans leurs pensers, combien hantent mes rives ?
Sans se voir l'un et l'autre et les regards baissés,
Chacun croyant que ses peines sont les plus vives.

Sous le poids du malheur, les éternels blessés,
Après des jours heureux aux soleils trépassés,
L'avenir leur ouvrant ses sombres perspectives.

CONSOLATION

Ses débris sur le sol, l'orage aura passé :
Sa clameur faiblissante au fond de l'étendue,
Il laisse à sa douleur sa victime éperdue.
Face au champ dévasté, près du mur renversé.

La Consolation, en voilant le passé,
Réclamant au bonheur la part qui vous est due,
S'en venant près de vous, sa lumière épandue,
De son murmure doux vous aura caressé :

« N'ai-je pas le travail qui s'offre à ta demande ? »
« Ensemence le sol, qu'il refleurisse encor »,
« Et du parterre plein, gagnant la plate-bande, »

« N'ayant plus devant toi qu'un tapis de fleurs d'or, »
« Que ta maison, du seuil au toit, s'en enguirlande, »
« Appelant ton espoir dans un nouvel essor. »

LA MACHINE

Au flanc des lourds vaisseaux, sommeille la machine ;
Cylindres et tiroirs boulonnés aux bâtis,
Par le moyen de l'arbre actionnant ses outils
La moderne géante en un coin se confine,
Ses volants au plus près avec la mise en train,
Assurent le départ quand se détend le frein.

Son assise massive au plus bas dans la cale,
Sans mouvement, plongée en son sommeil profond
Et svelte où ramassée elle atteint le plafond,
Imposante en sa force, à l'étroit dans son halle,
Cuivre et fer reluisant, le moteur éclairé
De ce globe éclatant au filament doré.

Dans l'entrecroisement des conduits, des colonnes,
On ne distingue pas l'articulation ;
Elle attend le moment de la pulsation :
L'organe principal, le piston, ses couronnes,
La pièce qui se meut partant dans un galop,
Le monstre réveillé, vibrant de bas en haut.

Un souffle ardent et chaud dans ses conduits en fonte,
La machine a vibré, le fabuleux coursier,
Et graisseuse et fumante et ses jarrets d'acier
Violemment tendus par la vapeur qui monte,
Elle accomplit, péniblement, ses premiers tours
Et démarrant, roule comme sur du velours

Le fluide, en coup de vent, s'élance dans ses veines,
Elle part aux essors de ses mille chevaux,
Entraîne le navire, avec ses lourds fardeaux,
Et pour ne s'arrêter qu'aux escales prochaines,
Travailleuse intrépide aux mains de ses servants,
Battant les flots domptés et défiant les vents.

LES CONQUÊTES DE L'AIR

Quel serait cet oiseau, pesant, disgracieux,
Dont on aurait, nous semble-t-il, crevé les yeux,
 Et qui, l'aile éployée,
S'apprêterait au vol, pour ne partir jamais,
Ne répondant pas plus à l'appel des sommets
 Qu'une bête empaillée,

Qu'un gros canard boîteux, qu'une poule couvant,
L'esclave de la mer et le jouet du vent.
 Mais voici qu'il s'enflamme :
Bruyant sur son assise, il se déplace enfin.
Veines en feu, grisé par on ne sait quel vin,
 Il aurait donc une âme ?

Déjà l'eau se hérisse, écumante à ses flancs :
Qui l'anime, le porte et soutient ses élans ?
 Où, rêvant d'aventure,
Il a pris le départ, l'espace devant lui
Et dans son élément, trouvant enfin l'appui
 Fait à son envergure.

Admirant son sillage, encor non effacé,
Au bruit de sa chanson martiale bercé,
 Au dessus des abîmes,

Il plane, il évolue, à l'aise, en son milieu,
Montant et descendant, semblable à quelque dieu
    S'offrant au vent des cimes.

Comment ce changement s'est-il donc accompli ?
« Regardez, nous dit-il, les cieux m'ont accueilli » ;
    « Quelle métamorphose ! »
« Par l'homme apprivoisé, j'ai quitté vos sillons, »
« Sur les chemins perdus où nous nous oublions, »
    « Je ne suis que sa chose. »

« Mais où n'ira-t-il pas dans l'ardeur de son vol ? »
« Il aura dépassé le nuage où le sol »
    « Se dérobe et se voile ; »
« Et du rose matin, jusqu'au rouge couchant, »
« Et de jour et de nuit, il arpente ce champ »
    « Dont la fleur est l'étoile. »

« La montagne à ses pieds, compagnon du gerfaut, »
« Frère de l'albatros, comme une aigle plutôt, »
    « En quête de son aire, »
« Fatigué de sa chaîne, il s'élance au ciel bleu »
« Et veut, dans son essor, parler de près à Dieu, »
    « Le Maître du tonnerre. »

« Notre terre est jalouse, elle aime à se venger »
« Du fils qui la renie et brave le danger, »
    « Mais, frappé d'un coup traître, »
« S'il tombe foudroyé, sanglant sur mes débris »
« L'espace le réclame, il est par lui repris, »
    « Et pour enfin renaître »

« Vous qui le saluez dans ses vols triomphants, »
« Ses amis, ses parents, dans vos cris émouvants, »
  « Inclinés sur sa cendre, »
« Vous savez, quand vos pleurs arrosent son tombeau, »
« Qu'il a pris le départ pour un monde plus beau, »
  « Pour ne plus redescendre. »

« A qui pleure et maudit la mort dans sa rigueur : »
« Celle-ci répondra : « Je lui trempais le cœur, »
  « En tombant sur la route, »
« Où nous nous étions vus, bien souvent de très près, »
« Il allait à l'étoile où Patrie et progrès »
  « Scintillaient sous la voûte »

LA LETTRE DU CHAUFFEUR

Terre ! a-t-on crié sur un de nos vaisseaux
Accélérant la marche, aux bouches des fourneaux,
    Chaque chauffeur emplit sa pelle ;
Le Mékong cuit, là haut, sous un soleil ardant,
Il fait plus chaud encore, en bas, brasier aidant,
    Où leur dur métier les appelle.

C'est le courrier, la lettre où ceux qui nous sont chers
Nous envoient leur salut de par delà les mers,
    Qu'elle nous est la bienvenue !
Confidente d'amour, la chasseuse d'oubli,
Que nous cacherait-elle ? alors que sur le pli,
    Paraît l'écriture connue.

L'ancre tombe à la mer, déroule ses maillons,
Qui joignent leurs fracas aux éclats des canons :
    Salut du navire à la terre.
Courrier distribué, les langues vont leur train,
Et la gaîté grandit, cependant qu'un marin
    Demeure triste et solitaire.

Mais on s'én aperçoit ; tous veulent s'enquérir
De ses soucis, d'un même élan prêts à s'offrir.
     Hélas ! dans sa douleur trop forte,
Le matelot, des pleurs sur son visage, noir
De charbon, dans un cri qui peint son désespoir,
     A répondu : « Morte ! Elle est morte ! »

Dans des lambeaux de phrase où s'étouffe sa voix,
Il nous tend un papier qui tremble entre ses doigts,
     Ecrit par sa femme mourante,
Sentant peser sur elle, avec l'heure qui fuit,
Je ne sais quelle main, créatrice de nuit
     Et de douleur et d'épouvante.

« Mon temps ici prend fin ; avant d'aller à Dieu »,
« Devant l'arrêt fatal, je t'adresse l'adieu »
     « Emu de ta chère compagne. »
« Mon doux ami que j'aime ; hélas ! si loin de moi »
« Il me prend au bonheur que je goûtais par toi. »
     « Mais ton souvenir m'accompagne ».

« Quand, pour toi, je dépose au front de notre enfant
« Ces tous derniers baisers où notre cœur se fend, »
     « Ma vie avant son temps brisée, »
« Souvenez-vous ! Souvenez-vous ! Mon bras faiblit »,
« Ma force m'abandonne et je quitte ce lit »,
     « Sur vous épenchant ma pensée ! »

NOEL DES PETITS RAMONEURS

La veille de Noël, après un dur travail,
Sous un ciel froid d'hiver, avare de lumière,
Songeant au pain qui fait défaut à la chaumière,
Deux jeunes ramoneurs, sous un lourd attirail,
Et la besace au dos, qu'à son tour chacun porte,
S'en vont, pleins de refrains, chanter de porte en porte.

> Noël ! Noël ! Noël !
> Doux enfant du mystère,
> Qui règnes dans le Ciel,
> Regarde vers la terre :
> Au petit ramoneur
> Apporte du bonheur.

Bientôt la neige tombe et leur colle aux sabots,
Qui vont s'alourdissant, de moins en moins étanches.
Les blancs flocons ont tout couvert et jusqu'aux branches ;
Les enfants, cheminant au bord des champs si beaux,
Ont tant et tant lutté que leur marche s'arrête,
Perdus en pleine nuit, éloignés de la fête.

L'heure s'écoule ! et la cloche les avertit
Que Jésus a pris place en sa crèche de mousse,
Sous les yeux attendris de sa mère si douce.

Il ne leur est pas accordé, l'enfant gentil,
De le voir aux reflets de son étoile sainte,
Et leur soupir répond à la cloche qui tinte.

Mais, tout à coup, ils avisent un vieux manoir:
Comme il vient à souhait ! sa porte s'entrebaille,
Il leur offre un foyer, du bois, un lit de paille ;
Satisfaisant leur faim, ils mangent du pain noir,
Allument un grand feu, tombent de lassitude,
Dorment à poings fermés, seuls dans la solitude.

Leurs sabots sont dans l'âtre où le brasier s'étend,
Noël s'en vient-il pas donner à l'enfant sage,
Et n'est-ce pas encor l'heure de son passage ?
Des jouets, tant et plus, à le rendre content.
Toujours la flamme monte, et, lorsque minuit **sonne**,
La chambranle est atteinte ; au pied de sa colonne

Qui s'écroule ; surprise ! il choit des pièces d'or !
Aux joyeux tintements, que la cloche accompagne
Jetant son carillon à travers la campagne,
Les petits ramoneurs, sans penser au trésor,
Et lorsque le brasier rougit la cheminée,
Rêvent du bon Noël, figure illuminée.

Il puise, songent-ils, dans sa robe de feu,
Des brillants, des joyaux, qui roulent sur la dalle.
Lorsque le lendemain, l'aube éclaira la salle,
Les enfants réveillés, au comble de leur vœu,
A Jésus, promettaient, sages plus que l'on pense,
De travailler pour mériter leur récompense.

NOUVELLE ANNÉE

Sur les ailes du temps, salut Nouvelle Année !
O jeune messagère à la terre enchaînée,
Maillée à cet anneau flottant de notre nuit,
Avec nous entraînée au hasard de l'espace,
Doux souffle réchauffant qui nous visite et passe,
Aile un instant ouverte et qu'une autre poursuit.

De joyeux carillons fêtant ton arrivée,
Combien marchent vers toi, sitôt l'aube levée
Présents au rendez-vous qu'ils t'auront assigné ?
Tu les connais si bien que, perçant le mystère
Des désirs insensés qui montent de la terre,
Tu vas, discrètement, vers le plus résigné.

Le Ciel ne t'aurait-il pas dit, en t'ouvrant l'aile,
Guidant tes premiers pas sur ta route nouvelle :
« Tu n'as rien à donner, mes trésors sont en eux »
« Leur cœur est comme un champ ; qui fait qu'il fructifie, »
« Y récolte des fleurs pour embaumer sa vie, »
« Il leur devient ou profitable ou ruineux. »

Sur je ne sais quel char, là-haut, Nouvelle Année,
Les brides en tes mains de notre destinée,
Lorsque s'égrènera le chapelet des jours,
Fais que le monde, ainsi qu'une économe abeille,
Au lieu de la vider, remplisse ta corbeille,
Ange régulateur de nos instants si courts.

A VOS JEUX !

Que ne la voyez-vous ? La fortune a sa roue.
Sans vos consentements, les numéros sont pris.
C'est la loi du destin qu'on subit à tous prix,
Par laquelle l'un réussit et l'autre échoue.

Vous rentrez dans la vie et la trame se noue.
Quelqu'un engage-t-il sur vos noms des paris ?
Quant à peine attentif, le plus souvent surpris,
Vous entendez passer l'arrêt qui vous secoue.

En attendiez-vous mieux du numéro qui sort ?
Serait-ce gloire, amour qui vous vient, la main fleurie ?
Peut-être le malheur terrassant le plus fort.

Mais quoi qu'il vous échoit, dans cette loterie,
De bon ou de mauvais, terminant la série,
Toujours, un numéro vous apporte la mort.

AU COIN D'UN BOIS DÉSERT

Au coin d'un bois désert, l'ombre s'appesantit.
De lourds sabots aux pieds, sous le pas d'une femme,
Le sentier caillouteux tout à coup retentit.
Elle songe à l'hiver, au pauvre qu'il affame.
Et porte sur l'épaule un grand faix de bois mort
Qui, rangé tout à l'heure en cercle autour de l'âtre,
Lui deviendra ce feu qui dans la bûche mord,
Animant un récit de sa flamme folâtre.

Par son rêve emporté, elle presse le pas :
« Mais du fourré voisin, quelle plainte s'élève ? »
Se dit-elle, étonnée, en se parlant tout bas.
Un enfant lui répond quand sa phrase s'achève.
Ils s'en vont devisant et la main dans la main :
« Comment ! C'est toi, dit-elle, en ces lieux ? A cette
Laissé par ta maman et sur un tel chemin ?   [heure ?
Ne te retrouvant plus, si loin de ta demeure »

L'enfant, confus, lui dit, malgré tout rassuré ;
J'ai quitté ma demeure où ma mère est souffrante
Et prise d'un grand froid et trop calme à mon gré,
Je lui cherchais du bois en suivant cette sente

Le garde m'effraya par les cris de son chien,
Et je m'en revenais vers ma mère endormie,
Sans bois pour la chauffer — Mais n'ai-je pas le mien ?
Regarde, dit la femme, et je suis ton amie ».

Et puis, à part « Comment ! sa mère aurait tant froid ?
Mais tout semble, en effet, dormir à la chaumière,
On voit se dessiner une ombre en son endroit,
Mais pas la moindre fente où filtre la lumière.
Il n'est plus que leur chien, avec ses hurlements,
Qui réclame quelqu'un, mais sans grande allégresse.
Que son aboi m'effraie : Oh! quels pressentiments !
Nous annoncerait-il la mort de sa maîtresse ? »

Se penchant sur l'enfant, elle voulut savoir :
« Ta maman sommeillait lorsque tu l'as quittée ? »
« Mère ne bougeait plus et n'a pas dû me voir.
Seulement, ce matin, et triste et tourmentée,
Le corps, à tout instant, secoué de frissons,
Me prenant par le bras et m'attirant prés d'elle,
Me couvrant de baisers, me donnant des leçons,
Je l'écoutais longtemps, ma mémoire fidèle.

Quelques instants après, mes soins sans résultat
Je la soutins au mieux en me faisant plus tendre,
Ne sachant que penser, troublé par son état,
Par la peur que le ciel vienne ainsi me la prendre :
Puis le calme l'a prise et ses regards ouverts,
Je les ai bien fermés pour qu'elle dorme vite.
Elle sommeille enfin, les membres bien couverts.
Alors que malgré tout une crainte m'agite »

Le chien a reconnu le murmure des voix,
Dans son regard humide on devine un reproche :
Sautant contre son maître il cesse ses abois,
Et semble le mener à sa demeure proche ;
Lui, sur le seuil, sans plus attendre, en ses transports,
S'élance vers sa mère en croyant la surprendre.
Sa compagne au foyer étendait le bois mort
Et les brins entassés à l'endroit de la cendre ?

Crépitante bientôt, l'étincelle jaillit.
Le feu se ranimant, sa flamme grandissante
Eclaira le foyer et le dessus du lit
Où l'enfant, angoissé, dans sa frayeur croissante,
Se penche sur sa mère et presse son réveil.
Mais la femme répond à sa triste surprise.
« Laisse-là, mon petit, laisse à son grand sommeil,
Laisse ta pauvre mère au bon Dieu qui l'a prise ».

Mais ils se sont, à son chevet, agenouillés.
Et ne faisant qu'une ombre aux jeux de la lumière,
Leurs deux mains se joignant, les yeux de pleurs mouillés,
Unis pour le moment dans la même prière,
Où la femme murmure, apaisant le chagrin
De son ami « Viens ! Je te tiendrai lieu de mère ! »
L'angélus lui répond, sa grosse voix d'airain
Montant, comme un écho de la morte sur terre.

LE MALHEUR

Tel un aigle affamé qui descend de son aire ;
L.'envergure éployée, autant que l'aquilon,
Je hante la montagne, occupe le vallon.
Y perdant à tous coups, l'homme, mon partenaire,

S'épouvante à ma voix : Je suis dans le tonnerre,
Dans la vague en fureur, comme dans le grêlon.
Et vos cœurs sur l'enclume où, comme un lourd pilon,
Je frappe sans arrêt et marche sur mon erre.

Comme la foudre au ciel, tombant sur vos chemins,
Je suis à vos côtés quand nul ne le soupçonne ;
Et toujours agissant le bourreau des humains

J'ai mon marteau, mes clous, sans excepter personne,
Où dépouillé bientôt, rêves sans lendemains,
Sans recours contre moi, le plus fort en frissonne.

L'ÉTOILE DE NOEL

La nuit était obscure et la terre souffrait ;
Les humbles et le juste, étendus sur la claie,
Tels l'agneau sous la dent du loup dans la forêt
Ou comme la colombe aux serres de l'orfraie,
Imploraient la pitié sous le ciel étouffant.
L'homme ne croyait plus, trompant sa conscience,
Dans le vice egaré, qu'au plaisir triomphant.
Le Seigneur s'assombrit, à bout de patience
Et fronçant les sourcils, écouta la clameur
Les anges frissonnaient dans leur pitié discrète,
Le front dans la poussière, accablés de douleur :
Les jours sont révolus et la victime est prête !
Une horloge vibra, fixant l'attention.
Son immense cadran marquait, sur l'Edifice
Du monde secoué, l'heure Rédemption !
De partout retentit l'appel au sacrifice.
Les harpes d'or vibrant aux mains des séraphins.
De leur onde sonore enveloppaient les mondes.
La terre tressaillit à ces concerts divins,
L'âme humaine ébranlée en ses couches profondes
Où l'Homme-Dieu parut : Aube nouvelle au ciel,
A son front scintillait l'Etoile de Noël.

LE POÈTE MORT-NÉ

En nous sommeillerait, nous dit-on, un poète :
L'esprit atrophié, tenu sous les verrous.
Pour que d'heureux refrains, sur sa lèvre muette,
Montent un jour : mais que ne le réveillons-nous ?

Il reprendrait la vie au temps qui l'émiette
Et nous l'embaumerait des parfums les plus doux
Et comme le ciel s'offre au vol de l'alouette,
Que la nuit paraît claire au regard des hiboux,

C'est un monde nouveau, quand son astre se lève,
Loin de notre horizon borné, qui naît pour lui :
Et dans le même instant, de plain-pied dans le rêve.

Mais pris par d'autres soins, hier, comme aujourd'hui,
Nous lui demeurons sourds et notre temps s'achève,
La nuit sur notre cœur d'où le poète a fui.

L'INGRATITUDE

L'homme, comme un maudit, fléchissait sous sa croix,
Jetait de vains appels à la voûte infinie ;
Soumis par sa nature aux plus cruelles lois,
Il plongeait dans l'horreur et dans l'ignominie.

Mais dans l'air suffocant de son monde aux abois,
Comme une brise fraîche, en sa course bénie,
Dans un jour chaud d'été, qui passe à travers bois,
Un souffle a caressé la terre désunie.

Quel est celui qui vient, fils de la charité,
De notre noir cachot berçant la solitude,
Ange au front rayonnant par nos malheurs tenté ?

De l'amour, le soleil est dans sa plénitude,
Le dévouement éclot où Satan dérouté
En même temps créait la noire Ingratitude.

LA·MODE

Je suis le clair miroir dans lequel la beauté,
Rieuse, s'est mirée en passant sur la terre,
Cette place sacrée, où son ombre a porté,
Garde encore un reflet de grâce et de mystère

Depuis ce jour, le verre simple ou bisauté,
Vous invite à le voir, empêché de se taire :
Vous admirant et de profil et de côté,
Vous vous trouvez tous beaux, mensonge involontaire,

Et, passai-je du teint de rose au teint de lait,
De vos regards cherchant mes traits, ma silhouette,
Où vous me copiez : le changement complet,

Mon ancienne manière aussitôt désuète,
A ma loi tyranique obéit le plus laid.
Au premier vent, autant en fait la girouette.

LA CAVALCADE

Dés clameurs s'élevaient aux appels du plaisir :
Un défilé de chars ! C'était la cavalcade !
Chaque vice le sien, occupant son loisir,
La foule captivée y monte en sa toquade.

Les chars bourrés de mets, chacun veut s'en saisir,
Et les bien gaspiller, passez, partez muscade.
Mais ne faudrait-il pas qu'on les laissât moisir ?
La fête bat son plein, le vin coule en cascade.

Le défilé passant dans le fumet des rôts,
Chacun s'en empiffrait, l'inépuisable mine,
Polichinelles, clowns, arlequins et pierrots.

Quand, tout à coup, des cris leur font changer de mine ?
Les chars dans trop de vase, aux dires des héraults,
S'embourbant, se rendaient au dieu de la famine.

LA MORT DE L'ÉPARGNE

L'Epargne travailleuse à la mort acculée,
A part soi, se disait, en se tordant les bras :
« Au prix d'un dur labeur je pouvais manger gras »,
« Je fis mieux, mon envie en son temps refoulée » ;

« Pour toi, mon Sol, devant la guerre et sa mêlée ! »
« De la bouche de mes enfants tu l'apprendras, »
« A ta demande et te sachant dans l'embarras, »
« En te donnant leur vie à ta gloire immolée »,

« J'aurai vidé leurs bas pour emplir tes trésors, »
« Mais sans y parvenir, tonneau des Danaïdes, »
« Car au lieu de t'aider à prendre tes essors, »

« Le même or se fondait en des mains plus avides, »
« Où me clouant au pilori, les homicides ! »
Laissent chez eux rentrer la faim, lorsque j'en sors.

LA VILLE

Un beau soleil rayonne au fond du ciel d'azur
Et le champ de blé d'or au flot d'argent voisine ;
La ville avec ses toits et ses tuyaux d'usine,
De ses odeurs, au loin, empuante l'air pur.

Au talus qui fleurit elle oppose le mur,
Alentours épandant son haleine assassine.
Avec son toc et ses clinquants, elle fascine
La campagne accroupie en son grand rêve obscur.

Le laboureur accourt pour la voir de plus près,
S'en étonne, l'admire il est pris à l'amorce
Et papillon trompé par de riants attraits,

Gagné par son éclat, subjugué par sa force
Avec le sol natal consommant son divorce,
S'attelant à sa meule, esclave du progrès.

LE ROSSIGNOL ÉGORGÉ

Aux lisières d'un bois discret, le soir morose
Nous voile la lumière, étouffe chaque bruit,
Seul, troublant le silence, un rossignol poursuit,
Chante au bord de son nid, à toucher une rose.

Non loin de lui, bientôt une autre aile se pose :
« Oh ! gare, rossignol, du louche oiseau de nuit »
« Qui dans l'ombre te couve et dont le regard luit. »
« N'entends-tu pas son cri, lequel au tien s'oppose ? »

Mais non, il chante, hélas plus haut, ne voyant pas
Qu'une chouette est là, le sanglant volatile,
Dont le bec lui démange et s'aiguise à deux pas,

Plus l'ombre s'épaissit et plus le regard brille
Où la bête sinistre, en quête d'un repas,
Au cœur de la victime étouffe un dernier trille.

LE PRINTEMPS

Je viens, tout frais éclos, une autre fois encore,
D'un sourire répondre aux baisers de l'aurore.
        Sous un plus chaud soleil ;
Miosotis, lilas, primevère et jonquille,
Le ruisseau qui s'égaie et le bois que j'habille
        Parlent de mon réveil.

Chaque jour, un peu plus, sur la campagne grise,
J'enchaîne la tempête aux ailes de la brise :
        Et dans l'air embaumé,
Humide de rosée et plein de mélodie,
Et le ciel découvert, et la terre attiédie,
        Avec avril et mai,

Je vais m'épanouir où ma splendeur éclate.
Sous mon manteau d'azur et d'or et d'écarlate,
        Les vallons remplis d'eau,
Et la campagne en fête, appellent les baigneuses,
Au regard des grands monts aux épaules neigeuses
        Dont choît le blanc manteau.

Je dirige le chœur aux voix si variées,
Des oiseaux réunis fêtant leurs mariées.
          Depuis le point du jour,
De branche en branche et deux à deux, inséparables
Et jusqu'au soir se poursuivant, intarissables
          Dans leur chanson d'amour.

Ame du renouveau, sur la terre ravie,
Je jette ma caresse et l'appel à la vie,
          Epanche mes attraits,
Et donne, sans compter, des couleurs à la rose
Et de la mousse au nid, verse sur chaque chose
          Mes éternels bienfaits.

Enfant béni du temps, enfant chéri des grâces,
Je détiens les plaisirs dont on garde les traces.
          A mon heure chanté,
Mon règne terminé, toutes portes ouvertes,
Je cède mon empire aux immensités vertes,
          Au flamboyant été.

LE CHANT

Lorsque monte l'aurore, au fond du ciel d'été,
Dans un hymne au soleil qu'un chœur immense entonne,
Soulagé des terreurs d'un monde redouté,
L'oiseau s'ouvre à la vie où, tout à l'heure atone,

Retrouvant la lumière et la sécurité,
Il s'épanche joyeux. La poule s'en étonne,
Pour s'essayer la voix elle aura cocotté,
Mais sans en rien tirer que son cri monotone.

Il lui manque l'élan de nos libres oiseaux,
Le rossignol ardent, l'hirondelle fervente,
Le cœur que la nature a scellé de ses sceaux.

Forgé par les périls, la joie et l'épouvante,
Que la poule retrouve, en gonflant ses vaisseaux,
Au moment de la ponte où le poussin s'enfante.

HÉCATOMBE D'HIRONDELLES

Le moustique pullule en proie aux hirondelles
Qui se croisent, virevoltent, pleines de cris,
Répondant au printemps qui leur avait souri,
Leurs bandes s'en venaient à leurs vieux nids fidèles.

Mais le soleil de mai les trompe dans leurs zèles ;
Et la Provence, azur voilé, rayon tari,
Les voit dans la tempête en quête d'un abri,
S'acharnant dans la lutte où s'épuisent leurs ailes ;

Ne pouvant échapper à la pluie, aux vents froids,
S'agrippant l'une à l'autre, en grappe sous les toits,
Et les membres transis, grelottant sous la trombe.

Sous le voile endeuillé du soir glacé qui tombe,
A bout de résistance, au plus fleuri des mois,
Elles jonchaient le sol sous un vent d'hécatombe.

L'AUTOMNE

Par la soif de l'été, la source s'est tarie,
Il a jauni la feuille, asséché la prairie,
  L'eau baisse au fond du puits
J'appelle le nuage et prodigue l'ondée,
Aide à l'ascension de la sève attardée
  Qui fait grossir les fruits.

Mille insectes divers, du moustique à l'abeille,
Plongés dans la torpeur, qu'un chaud rayon réveille,
  Bourdonnent dans le soir.
La récolte prend fin, le grenier en regorge,
La pomme et le raisin, après les blés et l'orge,
  Appelant le pressoir.

Au fond du ciel livide et sur la terre nue,
J'apporte la tristesse et la déconvenue
  Du jour froid et changeant,
D'une haleine glacée au parterre morose,
En ses derniers frissons, je souffle sur la rose
  Qui tombe sur le champ.

Autour de vos maisons, dans les forêts perdues,
L'arbre, du chêne au peuplier, branches tendues,
  Est tel un patient

Souffleté par la bise et l'eau qui lui dévale,
Feuilles tourbillonnant, volant dans la rafale,
    Malheureux et bruyant.

A l'heure où le couchant, sur les coteaux humides,
Bâtit un temple immense aux colonnes splendides,
    Où tout est riche et beau ;
Quant à mes ors, les nuages marient leurs teintes
Et leurs lueurs de minute en minute éteintes,
    Le soleil au tombeau ;

A l'image du soir en sa plainte exhalée ;
Je suis comme une veuve au pied du mausolée
    Qui garde son époux,
Mes voiles endeuillés tamisant la lumière,
Mélancolique et douce, épanchant ma prière,
    La terre à mes genoux.

Quand je passe en rêvant au fond du ciel sans voiles,
Sur la terre endormie il tombe des étoiles ;
    Animant le décor,
Qui vous semblent venir du chœur des nébuleuses,
Traversant tout à coup les nuits vertigineuses,
    Comme des flèches d'or.

Mais le soleil pâlit et sa courbe recule,
La sombre et longue nuit joint l'aube au crépuscule :
    Je vous quitte à mon tour,
Où neige, pluie et vent, s'abattent sur ma tombe :
L'hiver victorieux, moi, comme une colombe
    En face du vautour.

LE SOMMEIL

J'ai pour chacun de vous un lit délicieux,
Murmure le Sommeil, hypnotiseur habile,
Vous vous en approchez, ma poudre d'or aux yeux,
La paupière alourdie ombrageant la pupille,
Sans pouvoir, ni vouloir, où vous m'appartenez,
Les bras ballants, ronflant de la bouche et du nez.

Tel un fluide en un vase qui se lézarde,
L'esprit vous abandonne et cède à ses penchants,
Au souffle régulier du corps dont j'ai la garde,
Flaire le vent du large et prend la clé des champs,
Délaisse sa prison comme un lièvre son gîte,
Où vous ne pouvez rien pour empêcher sa fuite.

Le corps, sans force, choît comme un lourd vêtement,
Et telle une défroque enfin qui l'humilie,
La bouche avec les plis du dernier bâillement,
Pauvre chose affalée, à plat, comme une plie,
Où, poussant un soupir de satisfaction,
L'esprit prend le vent, libre en son évasion.

L'un comme un mannequin, l'oreiller sous la tête,
Inerte, aveugle et sourd, machine à respirer ;
L'autre, s'en détournant, prendra part à ma fête ;

Ainsi qu'au cinéma, je lui fais admirer,
Savant opérateur dont l'écran se déroule,
Des spectacles divers et des acteurs en foule.

Par le songe parfois et comme par hasard,
Vous goûtez à sa joie et partagez sa peine ;
Le plus souvent pourtant, vous ne prenez point part
A ses excursions, et chacun son domaine,
L'esprit se réchauffant à quelque divin feu,
Le corps, au second plan, lui comptera pour peu.

Quand se voilent vos yeux et que tout vous déserte,
Le vide enfin dans la mémoire, où je vous prends
Ne vous parai-je pas comme une trappe ouverte
Où glisse et sombre, en ses discours incohérents,
Une part de vous-même, au plus fond de cette onde
Mystérieuse et noire où se cache mon monde.

Elle y séjournerait, comme un poisson dans l'eau,
Sans plus s'inquiéter du corps à la surface,
Mais pour le retrouver et pas toujours très beau,
Enfoui dans les draps, au creux de la paillasse,
Qui s'étend et s'étire, après un bon repos,
Comme au sortir d'un bain, remis, frais et dispos.

Parfois l'esprit tarde à rentrer : est-ce caprice ?
Où s'égarerait-il en un pays de sourds ?
Partenaire impayable, est-il dans la coulisse,
Les fils tirés par lui, vous jouant de ces tours
Qui vous font somnambule ou bien épileptique
Et quelques-uns atteints du sommeil léthargique.

Aussi m'appelez-vous, le frère de la mort
Dont l'image vous trouble à son heure ? Que dis-je !
Vous vous en effrayez et la voyez au bord
D'on ne sait quel trou noir qui donne le vertige,
Et vous imaginant, nous trouvant seul à seul,
Que votre drap pourrait devenir un linceul.

J'ai mes mondes cachés dont le secret vous brûle,
Comment les dévoiler, même au plus curieux,
Puisqu'en poussant ma porte et dès le vestibule,
Je vous bouche l'oreille et vous ferme les yeux,
Vos sens annihilés, papillons sans antennes,
L'Univers disparu, le rideau sur la scène.

La vie est comme un bal et chacun de vous, plein
De sa vaine clameur ; mais forçai-je l'entrée ?
Ma présence en appelle aussitôt le déclin.
Je vous donne la notion de la durée,
Conduit à la débâcle, au prix de son effort,
Où le plus entêté pour plus longtemps s'endort.

J'ai la demeure close et l'oasis solitaire,
Qui vous sert de relais sur les routes du temps ;
Votre âme voyageuse y vient, s'y désaltère,
Et fait à mes vergers, à mes ruisseaux chantants,
Cueillant les fruits, buvant l'eau claire de mes sources,
Amples provisions pour de nouvelles courses.

Je suis un des plus doux, peut-être le meilleur
Des anges qui vous voient, mon haleine légère
Vous est une caresse, un baume à la douleur,

Qui se calme sous mon étreinte passagère,
Et frère de l'oubli, je vous porte conseil,
Rancuneux au coucher, mais meilleur au réveil.

Lorsque l'âme a poussé ma porte merveilleuse,
Au seuil abandonné de la prison du corps,
La part qui reste d'elle est comme une veilleuse
Dont la pâle clarté transparaît au dehors,
Le foyer languissant, le silence à la ronde,
Le cœur, doux balancier, y battant la seconde.

Tel un oiseau, dans son essor quittant le sol,
La première me suit, courant les vagues bleues
D'un ciel qu'elle voudrait, pleine d'un désir fol,
Plus beau toujours, et sur des millions de lieues,
Rapide, traversant les espaces vermeils,
Dans la lumière d'or des plus brillants soleils.

Dans l'azur infini, sous la garde des anges,
Chacun sur son esquif et les voiles au vent.
Sans bruit, nous voguerons vers ces pays étranges
Que vous regarderez avec des yeux d'enfant,
Au murmure des flots berceurs, battant la proue,
Admirant le rivage où jamais l'on n'échoue.

Fillettes et garçons, le front sur l'oreiller,
Je comble vos désirs et porte les plus sages,
Des jouets pleins les bras et sans les réveiller,
Vers la rive lointaine aux doux atterrissages,
Où tout est chant, lumière, un soleil généreux
Animant une terre où tout est fait pour eux.

Ainsi, ma foule heureuse au rêve s'abandonne ;
Si vous le méritez, l'aiguillon du travail
Décuplant vos élans, il vient d'une âme bonne,
Son aile blanche au vent, la main au gouvernail,
Guidant sa barque bleue au pays des étoiles,
Où des oiseaux choisis vous chantent dans les voiles.

Mais il descend aussi dans le monde d'en bas,
Il vous prend tout à coup dans sa barque qui passe :
Regardez, écoutez, allons, ne tremblez pas,
L'ombre à vos yeux tressaille, on y parle à voix basse :
De flottantes lueurs au fond du ciel qui dort,
Là-bas, de loin en loin, en éclairent le bord.

Le pays de la haine ! Elle y règne en maîtresse,
Océan balayé par un souffle d'enfer,
Des démons en fureur, des âmes en détresse
Y traînent leurs boulets, mangent un pain amer,
Sous un ciel ténébreux, hanté par la tourmente,
Toujours dans plus d'horreur, et dans plus d'épouvante !

VÉRITÉ

Nul n'a pu me surprendre en mes refuges d'ombre,
Au lieu de scintiller, étoile au grand ciel noir,
Et ma lumière offerte à qui voudrait la voir,
Je me cache en un puits à l'endroit le plus sombre.

Bel ange fugitif, aux visages sans nombre,
Entre les plus jolis que vous prête l'espoir,
Chacun m'effleure en se penchant sur mon miroir
Semblable à quelque mer tourmentée où tout sombre.

Sœur de l'illusion dont je hante le seuil,
Comme le feu follet au mur du cimetière
Qui vous parle d'esprit en son troublant accueil ;

Mon beau rayon, terni par l'obscure matière,
Qui rampe sur la terre et vascille à votre œil ;
Se réveille flambeau sur une autre frontière.

LA DOULEUR

Je suis sur le chemin du défilé des âmes
Et veux vous arracher au pouvoir du démon.
Plongeant dans ses marais et couverts de limon,
Les meilleurs avilis par ces tâches infâmes,
Où, comme contre-poids à vos plaisirs tentants.
J'apporte le remède et l'applique en son temps.

L'Eternel en courroux prononça la sentence
De misère et de mort sur vos premiers parents,
Chassés du paradis et devenus errants.
Fille du repentir et de la pénitence,
Par les vexations, l'injure et le crachat,
Je deviens l'instrument de votre sûr rachat.

De ce que l'on vous donne à ce que l'on exige,
Je connais la mesure ; une erreur, un faux pas,
Ma punition suit, s'applique à chaque cas.
Forte de mes moyens, jamais je ne transige,
Rien ne m'étant caché, je juge sans débat,
Garde ma majesté malgré ce rôle ingrat.

Je suis le dur caillou des grèves de la vie
Et dans le même temps : la vase, la flaque d'eau :
Le vent gersant les chairs, coupant comme un couteau,

L'embrun et la bourrasque et pas à pas suivie,
Comme une mer montante où vous resterez pris,
Part la mort qui s'approche et dis « Marche ou péris »

Je suis ce tourbillon, aux clameurs effroyables,
Humide de vos pleurs et lourds de vos sanglots,
Que fait naître la faim, la guerre et les fléaux,
Toutes calamités, spectres insatiables,
Qui raniment ma flamme et sonnent l'hallali
Sur le monde atterré dont la foule a pâli.

Celui-ci retentit de mon sabot sonore,
Quand, dans le cours tumultueux des passions,
Trop faibles, vous cédez à leurs tentations :
Qu'elles rentrent chez vous et du soir à l'aurore,
Comme des bambocheurs, dans un mauvais tripot,
Le couteau sur la table où leur avis prévaut.

Comme un métal trop mou se durcit à la trempe,
Et de même pour l'arbre au passage des vents :
Comme la pierre au choc des eaux, avec le temps,
Comme le fer enfin martelé sous l'étampe,
Se polissent, vous vous parfaites, c'est la loi,
Sous les coups de marteau du sort : tenu par moi.

Dans mes vieux alambics, nul ne peut s'en défendre,
Des plants les plus amers, je distille un poison,
A son heure, qui de chacun aura raison,
D'autant plus corrosif que vous êtes plus tendre,
Où, malgré lui, tenu sous mes poignets de fer,
Je fais agenouiller, le plus fort, le plus fier.

J'ai la difformité du corps et la misère.
J'ai les haillons du pauvre et les habits de deuil,
Par lesquels je fais mordre un fer rouge à l'orgueil,
Qui rugit, se renfrogne et tant que je le serre,
Moi toujours la plus forte où, taisant son courroux
Il s'assouplir, en se roulant à mes genoux.

Lorsqu'il se cabre hélas, tenu sous ma férule,
Comme un chien dangereux dont on brise les reins,
Vous en sentez le contre-coup : plus je l'étreins
Pour vous en extirper le mal, plus je vous brûle,
Les passions en fuite et l'austère vertu,
Arrivant sur vos pas, vous murmurant « Viens-tu ? ».

Le fruit le mieux goûté, s'inclinant sur la branche,
Ne vaut que par la soif et par l'ardente faim
De qui le cueille et pour s'en assouvir enfin.
Ainsi nous alléchant, le bonheur qui s'épanche
Acquiert de la douceur au prix des maux soufferts :
Printemps d'autant plus beaux qu'ils suivent les hivers.

L'âme serait le temple où l'amour officie,
Le cœur en est l'autel mystérieux et doux,
Au poids des sentiments, lorsqu'il bat à forts coups,
Je représente l'orgue où la foule, saisie,
Ecoute l'instrument, plein de sonorités,
Dans les mains des revers et des adversités.

N'est-ce pas sous mon voile, aux marches du Calvaire,
Dans la confusion du grand jour qui naissait,
Tous les bons éléments du vieux monde au creuset,

Puisant l'amère lie au plus fond de mon verre :
Attitude suprême où je comblais son vœu,
Que Jésus remettait son âme aux mains de Dieu.

Combien de pleurs, depuis qu'il donna cet exemple
Où les yeux se mouillaient à la source du cœur,
Tombant comme une pluie aux pieds du Créateur,
Dans la suite des jours et la paix de son temple,
Combien, combien de pleurs, dont on ferait des mers,
A ceux que je frappais ont paru moins amers.

Chacun se débat, crie, à l'heure où son pied glisse
Sur la pente fatale où je lui prends les mains.
Agonisants conduits vers d'autres lendemains,
Livrant un dur combat au sortir de la lice :
Leurs jours sont révolus, de loin, comme de près,
Le grand rideau descend qui leur dit d'être prêts.

C'est le poteau frontière au terme du voyage,
Où, la vie à leurs yeux éteignant son flambeau,
Dans la brume qui monte est un astre nouveau,
Dont vous ne savez rien. Est-ce l'appareillage
Vers des pays plus beaux ? Et que vous pressentez,
Tant leurs lointains et chauds reflets vous ont hantés.

Navire ballotté sur le cap des tempêtes,
Est-ce l'abri qui vient ? Et les pavillons hauts
Echangeant, semble-t-il, en vos noms, des signaux,
Le souvenir met ses pavois des jours de fêtes,
Tout votre temps passé défile à contre-bord,
Où de votre arrivée, il avertit le Port.

Un dernier pas ! la vie enfin ferme son livre.
Hors les pleurs, les sanglots, la stupeur dans les **yeux**,
Chacun, à vos côtés, se tient silencieux,
Vous êtes déjà loin et nul ne peut vous suivre,
Vos comptes à régler et colombe et vautour,
Surpris par le courant qui n'a pas de retour.

Chacun sur lui, plutôt que sur vous même, pleure,
Quand le temps, de ses jours, déroule l'écheveau,
La pierre descellée où s'ouvre le caveau,
Au vent glacé qui s'en échappe et qui l'effleure,
Il ne voit que le trou, le mort dont il est plein,
Pour rejoindre le ciel le prend comme tremplin.

Mais, si le plus souvent, l'humanité tremblante,
Sous ma verge d'airain, marche, comme un troupeau,
Des portes de la vie au gouffre du tombeau,
Pleine de ma frayeur qui de partout la hante,
A mon approche hélas, bêlant à tous les vents ;
Que de profonds soupirs et de cris émouvants

Montent des profondeurs insondables de l'ombre,
Sur les chemins perdus où je pose le pied :
Eveillant des échos au cœur de la pitié
C'est un espoir qui fuit ou bien un mât qui sombre,
Ce sont tous les méfaits sans nombre, hélas ! hélas !
Les cloches à la ronde, au loin, sonnant le glas.

Plus belle que jamais, j'ouvre la voie au sacrifice,
Tous les torts oubliés et l'intérêt au second plan,
Et tout amour et tout ardeur et tout élan,

Les meilleurs ralliant sa flamme rédemptrice,
Comme un phare puissant au dessus de ces mers
Dont je suis la tempête aux fulgurants éclairs.

Son image érigée au dessus de son temple,
Brillante sur leurs pas, la gloire, en sa splendeur,
Au sortir de l'orage au tonnerre grondeur,
Récompense les forts, vous les donne en exemple ;
Enfin l'homme au tombeau, l'esprit lui survivant,
Dans son plus vif éclat de l'oubli triomphant.

Est-ce d'avoir senti la chaleur de son aîle,
Qu'ils ont posé le front sur mon dur oreiller,
Pour que d'autres, près d'eux, puissent mieux sommeiller ;
En tête du troupeau, comme une sentinelle
S'offrant aux premiers chocs et pris dans les remous,
Les yeux sur l'avenir, vous aimant malgré vous.

En d'autre temps, reçu par la vie en ses langes,
Ayant dit votre mot, au terme du parcours,
Je suis à vos côtés appelant d'autres jours,
Devant l'espace libre ouvrant, tels des archanges
Arrachés tout à coup à quelque lourd sommeil,
Des ailes qui battront dans l'éternel réveil.

LE PARDON

Quel crime punit-on ? Les gibets sont à trois !
Au regard attristé de la voûte infinie,
La douleur s'est assise à l'ombre d'une croix,
Qui s'y suspend, chair pantelante, en agonie ?

Il porte une couronne à l'exemple des rois,
Mais l'épine sanglante en montre l'ironie !
Le ciel mis tout à coup dans de tels désarrois,
Qu'il se déchire et s'ouvre en sa lourde insomnie,

Les anges se disant : « A quoi pensions-nous donc ? »
Le glaive flamboyant, en marche vers la terre,
Ils avaient devant eux le Fils dans l'abandon.

Lui, dans son rêve, et triste et doux, avec mystère,
Sourit aux légions qu'il oblige à se taire.
Sur le monde ébloui rayonnait le Pardon.

SARAJEVO

Par un beau soir d'été, du fond du Kajer-Rack.
Sur la mer argentée et calme comme un lac,
Nos légers bâtiments et les leurs en présence,
Voici venir, peintes en gris, dans le silence,
Au poste de manœuvre, environ par trois quarts,
S'offrant, en leur brusque embardée, à nos regards,
Les lourds vaisseaux, pareils à des immenses bottes,
Voici venir, toujours plus nombreuses, les flottes
De l'Allemagne aux mains de son bouillant Kaiser.

Que nous vaut, disions-nous, cette rencontre en mer ?

La guerre avait parlé, le vieux monde en alerte.
Les uns de tous leurs vœux, pendant qu'on en disserte,
Appellent les combats, deviennent provoquants,
Des ordres chuchotés, des clameurs dans les camps ;
D'autres, plus inquiets, l'oubli sur leur vengeance,
Cherchent à conjurer le fléau qui s'avance.

Diplomatie assise au banquet de la paix,
Où l'un à l'autre, au jour, présente ses respects,
Quand dans l'ombre, derrière, on s'aiguise les armes,
Et l'un d eux bouge-t-il, que l'autre est aux alarmes,
L'un a-t-il un poignard, que l'autre en aura deux,
Dépensant sans compter, courant au plus coûteux,
Mais les plus clairvoyants leur avaient crié « gare »
Tant ils marchaient d'un pas certain vers la bagarre.

Là-bas notre premier et second président,
Pour Cronstadt ont quitté nos ports, le tsar attend
Les deux vaisseaux «Jean-Bart» et «France» qui les porte
« Tromblon », « Stylet », d'un jour ont devancé l'escorte,
Ce soir la flotte allemande, sur leur devant,
Prête à les envelopper comme un filet mouvant.
Pour nous en échapper, dans le temps qui nous presse,
Nous leur coupons la route en doublant de vitesse ;
Le navire de tête à quelques pas de nous,
Son éperon d'acier lavé par nos remous,
Où tout à conp l'escadre, en ligne de bataille,
A frémi de nous voir passer à travers maille :
Les grands dreagnouths massifs et les puissants croiseurs
Dont les divisions se doublent d'éclaireurs,
Et la poussière enfin des torpilleurs sans nombre,
Sur lesquels a pesé du soir la première ombre,
Un monde, impatient de tirer du canon,
Rempli de grands espoirs, avide de renom.

Sur un ordre donné, la flotte et les flotilles,
Dans de nouveaux remous crachent des escarbilles,
Nous découvrent leurs flancs de canons hérissés,
Se replient tout à coup, leurs aperçus hissés.

Dans la fumée en l'air, de charbon, de pétrole,
Nous cherchons notre route, un œil sur la boussole
Et pour nous avancer aux bouches du détroit.
Le soleil déjà bas, le vent du soir plus froid,
Nous rappellent les beaux paysages de neige,
Vivant leurs jours sans nuit, l'Islande et la Norvège,
Qui succèdent aux nuits sans jour du long hiver,
Unissant les blancheurs du sol et de la mer.

L'escadre qui poursuit en silence sa route,
Par l'effet du mirage, au plus fond de la voûte,
Semble planer sur la mer lisse aux flots d'argent,
Et tant, que l'on croit voir, aux rougeurs du couchant,
Une flotte fantôme au sein d'une fournaise .
On ne sait quels pensers dans sa tête mauvaise,
Où son chef attendrait les ordres de l'enfer,
Chacun prêt à cracher des flammes et du fer,
Pour tuer et détruire où tout est mis en œuvre.

Mais quel monstre en dirige entre temps la manœuvre ?
On se le représente actif et violent,
Le sifflet à la lèvre et la main au volant,
Empereur aujourd'hui qui deviendra vampire,
Visant de conquérir le monde à son empire
La guerre lui suggère, assise à son chevet,
La belle œuvre qu'elle en attend et qu'il rêvait.

Mais son rêve le porte au fond de la Bosnie,
Il y découvre un archiduc à l'agonie,
Sa compagne avec lui, s'abattant dans la mort !
Seigneur ! qu'avaient-ils fait ? Le crime a toujours tort !

Héritiers des Hasbourg, sur les marches du trône
Où chancelait sous le fardeau de la couronne,
Un débile vieillard, ils s'avançaient déjà.
Quand un fusil, braqué sur eux, se déchargea
Et, des bras battant l'air, dans le vent de la balle,
Un linceul remplaça la pourpre impériale.

Qui pouvait se douter, projectile sifflant,
En réponse, là-bas, à cet acte sanglant,
Que tu retentirais, après les funérailles,
Appelant dans le glas les pires représailles :
Et que ce deuil serait suivi d'un plus grand deuil,
Qu'il mettait une flèche en la main de l'orgueil,
Et servant de prétexte à de mauvais apôtres,
Que ce cri d'agonie en attendait tant d'autres.

Le soir enveloppant la flotte en son brouillard :
Nous nous représentons, pensif au banc de quart,
Un peuple obéissant à sa voix souveraine,
Le même homme toujours revivant cette scène
Du célébre attentat aux deux cadavres chauds,
Il avait le supplice et la nuit des cachots,
Les moyens d'épouvante où le crime se glace :
Mais son rêve l'emporte et le reste s'efface.

Le bruit du projectile accompagne ses pas
Et dresse à ses regards l'image du trépas
Des princes ses amis, devenus des fantômes,
Dont la voix lui revient du fond des noirs royaumes.
Si lui, leur chef, prince admiré, l'être choisi,
Sait-on par quel hasard ? Allait tomber ainsi ?

Devant son œuvre prête aux assises solides ?
Quand le sceptre du monde entre ses mains avides,
Il en est convaincu, va choir comme un fruit mûr,
Va-t-il s'en détourner pour un destin obscur ?
Pouvait-il, aux reflets d'une gloire éternelle,
Se voiler le visage et reployer son aile ?

Il glisse sur la pente, attiré par l'appât,
Se fie à son étoile, en appelle au combat.
Nous nous imaginons, pour essayer sa chance.
Quand il fait siens on ne sait quels cris de vengeance
Dont aura retenti l'air de « Sara-Jévo »,
Une épée en sa main, la nuit sur son cerveau,
Que des clameurs au loin montent au crépuscule
Et pendant qu'effrayé le Kaiser se recule
Le fatidique nom lui paraît prendre feu,
Sous le sceau du destin éclairant peu à peu
Les replis les plus noirs de l'antre de la guerre,
Dont l'aube rouge au loin baigne déjà la terre

Mais il se ressaisit, il sait que le passé
Répond de l'avenir : l'appétit aiguisé,
Du pays de la gloire il ne voit que les cimes,
Des nuages dorés en voilent les abîmes.
Et ne distingua pas dans le jeu des clartés,
Des emblèmes au vent montant de tous côtés,
Quels peuples se dressaient pour leur barrer la route,
Le monde faisant tête au malheur qu'il redoute,

La décision prise en son cœur criminel,
L'éclair de son épée a traversé le ciel,

Comme une outre gorgée au plus noir de la voûte,
Chaque lettre du nom, d'un sang épais égoutte
Une voix l'avertit : « Quel crime tu commets ? »
« Sarajévo ! Source de sang ! Source de larmes »
« Chaque goutte pesant sur ta tête, à jamais ! »
« Déchaînant nos clameurs, les peuples en alarmes ».

GENÈVE

Dans ses galops, la guerre, au dos de son cheval,
Souleyait dans la nuit la cendre des batailles.
A son souffle brûlant, sur la plaine et le val,
L'ombre des morts passait aux frissons des broussailles.

Dans le bruit des assauts et du combat naval,
Les forts debout, canons hérissant les murailles,
Chaque peuple en alerte est face à son rival,
La terre secouée et jusqu'en ses entrailles.

Mais la clameur s'éteint, la guerre a reculé :
Entre les combattants, y travaillant sans trêve,
Applanissant le sol et son fossé comblé,

A la douce lueur grandissante du rêve,
N'aurait-elle pas vu son antre violé ?
La paix sur les degrés du palais de Genève.

TRISTAN & ISEULT

PERSONNAGES

MARK, *Roi de Cornouailles.*

TRISTAN, *Neveu du Roi.*

ISEULT aux cheveux d'or, *Fille du Roi d'Irlande.*

ISEULT d'Irlande, *Reine d'Irlande.*

LE MOROLHD, *Géant, frère d'Iseult, la Reine
d'Irlande.*

BRANGIEN, *Confidente d'Iseult aux cheveux
d'or.*

ROALD, *qui servit de père à Tristan.*

GOVERNAL, *maître d'armes et instructeur de
Tristan.*

OGRIN, *Vieil ermite.*

ISEULT aux blanches mains, *Fille du duc breton Hoel.*

KOHERDIN, *le frère de cette Iseult.*

ANDRET
GUENELON
GONDOINE   } *Barons de la cour du Roi Mark.*
DE NOALEN
DINAS

UN PREMIER ASSISTANT.

UN DEUXIÈME ASSISTANT.

ACTE V

Un grand appartement, avec vue sur la mer par de larges baies : à gauche, au fond, un lit sur lequel repose Tristan malade, non loin d'une baie, les ridaux entr'ouverts.

Une autre baie à droite est ouverte, on y découvre la grève de Penmark et la mer. Une porte à droite, une autre à gauche donne accès aux appartements.

SCÈNE Ire

TRISTAN (*seul*)

Océan ! pour te voir j'aurais quitté Carhaix.
O terre vallonnée aux campagnes fleuries !
Il te manquait les flots, ma barque et ses agrès.
Ma Bretagne et la mer ! les deux sœurs désunies !
Bercé par leurs chants éternels, sur ce grabat,
J'aime à les voir encore, admirables contrées,
Et nos champs de récifs parlant de leur combat,
Vibrant sous les archers des vents et des marées.
Iseult ! Tristan se meurt ! Serait-ce sans te voir ?
Dans un moment pareil, alors que je t'appelle,
Quand tu sais que ma vie est en ton seul pouvoir,
Le vin qui nous unit t'aura prêté son aile.

Fleur de printemps,
Douce, embaumée,
Toujours j'attends,
Ma bien aimée,
De meilleurs jours
Pour nos amours.
Iseult amante, Iseult amie,
En vous ma mort, en vous ma vie.
Murmurai-je au hasard. Du même nom que toi,
Une autre femme crut que je chantais pour elle :
Fille du duc Breton que j'avais devant moi,
A votre air ressemblant je redoublais de zèle
Et fus pris à ce jeu, comme dans un lasso.
Lorsque son anneau vint, au jour du mariage,
Toucher le tien de jaspe vert, j'eus un sursaut.
Je vis l'erreur, trompé comme par un mirage.

SCÈNE II

TRISTAN ET ISEULT AUX BLANCHES MAINS

ISEULT

A quoi penserais-tu ?

TRISTAN

A nos marins en mer.
N'y vois-tu rien venir ?

ISEULT

L'orage s'amoncelle

On ne voit plus les flots qu'aux lueurs de l'éclair
Et la pluie à grands coups bat le toit qui ruisselle.

TRISTAN

Je songe à Kaherdin dont j'attends le retour

ISEULT

Je t'en avertirai, bien avant qu'il n'arrive
Quand je demeure à tes côtés pleine d'amour,
Quelle autre aide te viendrait-il d'une autre rive ?
Mais je suis prête à tout pour te garder à moi.
Dans mon trouble mortel qui dit combien je t'aime,
Quel affront sans pareil essuyerai-je de toi ?
Et lorsqu'un nom maudit hante ta lèvre blême,
L'esprit, là-bas, où je ne compterais pour rien.

TRISTAN

C'est ici, près de toi, dans ma calme Bretagne,
Si le destin, hélas, m'eut voulu quelque bien
Qu'il m'eut guidé d'abord, te prenant pour compagne,
Occupé de ma tâche et de ton seul bonheur ;
Il en est autrement par une erreur fatale.

ISEULT

Dont je souffre sans en connaître la teneur,
Me convaincant que l'on m'oppose une rivale
Vers laquelle déjà tu te crois obligé.

TRISTAN

Reproche mérité qui m'attriste et déchire

ISEULT

Mais fidèle au serment qui t'aurait engagé

TRISTAN

Souffrant de ma blessure, avant que je n'expire,
J'attends ton frère avec sa nef à l'horizon.

ISEULT

Par ce temps déchaîné, qui voudrais-tu qui vienne ?

TRISTAN

Un remède dont j'attendais la guérison.
Lorsque tu n'y peux rien !

ISEULT

       La tentative vaine !
Sur un signe de toi qui se dévoue ainsi ?
Je sais, pour mon malheur, quel sentiment vous lie.
Il m'en faut en sortir, quand tu la veux ici,
Où, blessée à jamais, déjà je me replie.
Ta si douce chanson, dont mon cœur s'est bercé
A l'unisson du tien, pour cette autre était faite,
Il en exulte encor quand le mien transpercé,
Aura trouvé la mort en appelant ta fête,
M'oubliant pour courir vers l'objet de ta foi.

TRISTAN

Comme à l'autre, j'y mis ma flamme la meilleure,
Son image lointaine, en se fondant en toi,
Rappelle à ma mémoire un passé que je pleure.

ISEULT

Alors que je t'accueille et t'aime de mon mieux,
Au lieu de m'appeler, j'éveille une autre image
Vers laquelle, songeant à je ne sais quels cieux
Que tu m'as défendu, tu portes ton hommage :
Sous l'atroce douleur où j'étouffe mes cris,
Et ma honte à cacher, ne sachant où me mettre,
J'aurais trouvé la cause, hélas, de ton mépris,
Mais liée à mon sort quand j'ai choisi mon maitre
    (*Elle s'enfuit*).

TRISTAN

Que tout me paraît vide au ciel où tu n'es pas !
Lumière et nuit sont les reflets de ton image,
Quand je me désespère, à deux doigts du trépas,
Iseult ! que ne viens-tu relever mon courage ?
Le philtre irrésistible a passé dans ton sang
Et l'esclave à jamais des désirs qu'il enfante,
Il te faudra répondre à l'amour tout puissant
Et terre et ciel ligués dans le soir d'épouvante,
Devrais-tu te traîner pour venir jusqu'à moi.

SCÈNE II

Tristan sommeille pris de torpeur.
Roald et Governal rentrent dans l'appartement et se dirigent vers le malade, à petits pas, de peur de le réveiller. Ils en parlent à distance.

ROALD

L'empreinte de la mort sur son visage blême,
Oh ! que ne dit-il pas, dans ce grand désarroi,
Toute sa peine à son père adoptif qui l'aime

GOVERNAL

Une vie écourtée et si pleine pourtant.
Hier il nous arrivait du fond des Cornouailles,
Pour repartir bientôt, guerrier impénitent,
Attiré malgré lui par le vent des batailles.
Comme un libérateur, on l'appelle en tous lieux,
Il aura fait trembler la Frise et la Gavoie,
Jusque l'Europe entière, homme prodigieux,
Nouvel Hercule enfin, la justice en sa voie.

ROALD

Plus tard il vint en aide à notre duc Hoel :
Celui-ci, provoqué par le comte de Nantes,
Faiblissait sous les coups de cet homme cruel,
Jusque sous les murs de Carhaix, dressant ses tentes,
Qui réclama sa fille, Iseult, au duc battu.

GOVERNAL

Iseult n'accepta pas un homme indigne d'elle.
Mais ce fut la revanche enfin de la vertu
Où Tristan abattit le vassal infidèle.

ROALD

Le pays libéré, son pouvoir rétabli,
Le duc offrit au preu sa fille en mariage.

GOVERNAL

Mais Tristan ne fut pas un époux accompli,
Et par l'effet du philtre il vit d'une autre image.

ROALD

Il reconnaît ses torts, Kaherdin l'a jugé,
Il le déclare pris d'un mal inguérissable.

GOVERNAL

Le vin, bu par mégarde, en tyran érigé,
Brise sa volonté, le rend irresponsable ;
Il contrefait les fous, se change en mendiant.
Sans craindre la misère, en butte aux rebuffades,
Artificieux, malin et comme inconscient
Où l'on ne compte plus ses tristes incartades.
La reine, son amante, a le contre-poison
Qui peut seul le guérir. Kaherdin l'a rejointe.

ROALD

Pris par l'orage avec sa nef à l'horizon
On l'aurait aperçu piquant sur notre pointe

GOVERNAL

Les deux femmes ici, debout à ce chevet,

ROALD

Qu'on le sauve avant tout !

GOVERNAL

     La larme jaillissante,
Iseult, sous le chagrin, tout à l'heure étouffait,

ROALD

Méritant mieux pour sa conduite édifiante.

GOVERNAL

Lorsque chacun l'évite en ce tournant fatal,
Aux heurts des passions, la douleur s'est posée,
Voile pesant, au bord de ce lit d'hôpital,
Tristan, Iseult, le désarroi dans la pensée.

ROALD

Du moins, si nous devons ne le revoir que mort,
Quand sous son œil sommeille une mourante flamme,
Epanchons nos baisers sur notre enfant qui dort,
Prêts à nous retirer quand Iseult le réclame.

(Ils se penchent sur Tristan et l'embrassent tous les deux).

SCÈNE III

TRISTAN ET ISEULT

(La foule dans les infractuosités des rochers de la grève).

ISEULT *(face à une baie, à part)*

Est-ce la nef qui se profile et vient au port ?
Hier, encline à céder, ne sachant me défendre,
Ce jour, je suis tout autre et sa maîtresse à bord
Et mon amour éteint, la haine, sur sa cendre,

J'appelle à mon secours la mer dans son courroux,
Ecumante et mauvaise, enfin la vague haute,
Lui creusant un tombeau, formidable en ses coups,
Engloutissant la nef, ses débris sur la côte.

TRISTAN

Mais ton regard m'effraie ! Oh ! que se passe-t-il ?

ISEULT

Le ciel est plus obscur à chaque heure qui sonne !

TRISTAN

Aperçois-tu la nef ? serait-elle en péril ?

ISEULT

Que n'entends-tu plutôt l'orage en marche ? Il tonne !

TRISTAN

Mais tâche de t'aider des lueurs de l'éclair.
Sur la grève on s'agite et tout un monde y crie.

ISEULT

Un mât aurait paru tout à coup sur la mer.

TRISTAN (fait des efforts pour sortir de son lit
et se rendre compte de ce que l'on voit)

Si Kaherdin nous vient, ma blessure est guérie !

ISEULT

La rafale fait rage et la vague bondit ?

TRISTAN

Que ne m'aides-tu pas ? je puis les reconnaître.

ISEULT

Ce n'est, je te l'ai dit, qu'un point.

TRISTAN

Mais qui grandit !

ISEULT

Le voici disparu !

TRISTAN

Pour bientôt reparaître !
Que ne le puis-je voir pour ne le quitter plus.

ISEULT

La tempête fait rage et la distance est grande

TRISTAN

Il a pour le mener des marins résolus.

ISEULT

Mais nul ne les connaît, ne sait qui les commande.

TRISTAN

Auraient-ils seulement l'ardeur de mon désir,
Que bientôt : bondissant et la voile tendue.
Nous les aurions tout près et marchant à plaisir,
Au lieu de se traîner au fond de l'étendue.

ISEULT

Mais vois plutôt la mer, grosse pour la nef
En danger de périr, en butte à ce tangage.

TRISTAN

Garde l'espoir !

ISEULT

L'éclair !

TRISTAN

Suivi de ce coup bref !

ISEULT

Le tonnerre ! Dieu parle en son profond langage
(*La foule à genoux aux mêmes endroits*).
Pitié pour nos marins !
Seigneur, dans la tempête,
En ses fureurs sans freins,
Sauve, sauve leur tête,
Et nos cris entendus,
Oh qu'ils nous soient rendus !
Ne nous laisse pas seuls, épaves dans la vie,
Pour pleurer leur départ, âme trop tôt ravie.

TRISTAN

Que viénne l'accalmie avec un ciel plus clair.

ISEULT

Que n'entends-tu ces bruits là-bas, la foudre éclate !
Tout un monde atterré, ne quittant plus la mer,

TRISTAN

Je t'ai tant vu et tant aimée, ô mer ingrate !
Et tu viendrais, multipliant de tels assauts,
Les horizons remplis de ta clameur sauvage,
M'arracher cet espoir que j'ai mis en tes flots.

ISEULT

Jamais un vent pareil ne battit ce rivage.
Dans ce fracas, les élements à l'unisson,
Et la pierre et la tuile, autant qu'un brin de paille,
Volant dans la tourmente au ciel sans horizon :
L'arbre déraciné, la toiture qui baille,
Dans l'eau qui passe en trombe, y sèment leurs débris.

TRISTAN

C'est le suprême assaut où s'épuise l'orage,
Comme un monstre frappé, jetant ses derniers cris.
Je garde encor l'espoir, quand tombe ton courage.

ISEULT (*après un moment*)

Une éclaircie !

TRISTAN

O ciel ! n'ont-ils pas abdiqué ?

ISEULT

La voile est en lambeaux.

TRISTAN

L'aurais-tu reconnue ?

ISEULT

Du sommet de la vague, au creux elle a piqué
Pour rebondir, comme un bouchon, jusqu'à la nue.
  (*A part*)
Seigneur ! serait-ce encor mon foyer déserté ?
Tristan guéri, portant tout son espoir sur elle,
Et moi par eux poussée à cette extrémité,
De les haïr ! jusqu'en devenir criminelle !
Tristan dit, en secret, à mon frère au départ :
« Hisse une voile blanche ou noire à l'arrivée ; »
« La blanche, Iseult à bord, l'autre, plus qu'un poignard, »
« Me tuant sur le coup » Notre nef est sauvée !
Iseult s'y trouve-t-elle ? Attendons le signal !

TRISTAN

Quel serait ce navire ? et pourquoi ton silence ?
Quand l'orage s'épuise en son bruit infernal.

ISEULT

Cette nef et la nôtre ont quelque ressemblance.

TRISTAN

Que ne le disais-tu ? Fais-moi la voir de près.

ISEULT

Ton mal te le défend : là-bas, tout à leurs luttes,
Quand craquent les haubans et sifflent les agrès.
Sans les quitter des yeux, je compte les minutes,
Certaine maintenant qu'ils atteindront le port.

TRISTAN (*fait de nouvelles tentatives pour sortir de son lit*)

Soutiens mon pauvre corps brisé, que je les voie,
Mon espoir ranimé sur un signal du bord.

ISEULT (*à part*)

Qui cause ma tristesse, en allumant sa joie.

TRISTAN

Et cette voile au mât ? Quelle en est la couleur ?

ISEULT

Une voile en lambeaux, déteinte par la pluie.
  (*A part*) :
Le signal monte à ses côtés, pour mon malheur !

TRISTAN (*dans sa même lutte*)

Quelle minute ! Oh ! fais qu'à ton bras je m'appuie

ISEULT

Ce serait pour ta mort !

TRISTAN

Que ne m'écoutes-tu ?
Généralement douce, Oh ! qui te rend si dure ?

ISEULT

Kaherdin est-il seul ?

TRISTAN

Mais je t'ai répondu,
Qu'une femme l'aura suivi pour ma blessure.

ISEULT

Cette chanson d'amour où tu surpris ma foi,
Qui dit ta trahison par laquelle je pleure,
·Pour une autre était faite !

TRISTAN

Et dans le même émoi,
Je te l'ai murmurée et chantée à ton heure.

ISEULT

Dans un moment, toutes les deux nous confondant,
L'autre en ton cœur gravée et moi plus qu'éphémère ?

TRISTAN

J'ai pris un vin de feu, plus qu'un brasier ardent,
Qui me brûle et consume. Iseult au même verre,
Je ne sais quel raisin, aux doigts d'un dieu pressé,
Trompée, y déposa sa lèvre.

ISEULT

Il délire !
Un grand carré de toile blanche, au mât hissé,
Nous annonce la reine. Oh ! s'il pouvait le lire !

Quelles heures pour moi ! Dois-je l'en avertir ?
Et de mes mains ouvrir ma porte à ma rivale ?
Cela ne sera pas ! Et j'entends retentir
Toujours le même écho. Quand faiblit la rafale
« Défends-toi ! Défends-toi »

TRISTAN *(la voix plus faible)*

La voile ?

ISEULT

Elle est au vent.

TRISTAN

Quelle en est la couleur ?

ISEULT

On la distingue à peine.

TRISTAN

Iseult !

ISEULT

Ici ! Jamais ! tant qu'il sera vivant.
Il n'est que sa douleur pour égaler ma peine.
Que vais-je décider. Oh ! Si je lui mentais ?
Qui me conseillera ? car du coup je le tue !

TRISTAN

Mais je brûle d'impatience ! et tu te tais !
Iseult ! de t'appeler en vain je m'évertue,
Iseult ! Iseult !

ISEULT

Elle toujours !

TRISTAN

Je veux les voir !

ISEULT

Hélas !

TRISTAN (*qui a compris le sens du dernier mot*
d'Iseult, s'assombrit)

Oh !
(*Déçu, la voix faiblissante*) :
Malgré tout ! dis-le !

ISEULT

La voile est noire !
(*Epouvantée de son mensonge elle se laisse choir*
aux pieds de Tristan).

TRISTAN

Le vin sur elle a-t-il perdu tout son pouvoir ?
Iseult ne viendra pas ! La douleur me fait boire
Et jusqu'à m'abreuver à son calice amer.
Iseult ne viendra pas ! Là-bas, de son rivage,
Dans la brume perdue et par delà la mer,
Elle ne répond plus au magique breuvage.
Me frustant du remède et conduit au trépas,
Sans un dernier baiser, sans un mot de sa lèvre
Et nos liens brisés ne nous retrouvant pas.
Iseult ne viendra pas ! déjà monte ma fièvre
Mon regard s'obscurcit, frappé d'un coup trop fort.
Le vin est là, plus qu'un serment qui nous engage,
Nous liant dans la vie et jusqu'après la mort.
Non ! il ne peut pas mentir et j'emporte ce gage.

(*Tristan ferme les yeux et meurt*).

ISEULT

Mais quel serait ce vin ? J'ai défendu mon droit !
Quand il me faut ne me confier à personne.
Déjà je me repens, horreur ! et j'en frissonne,
Car quelque chose, hélas ! m'échappe à son endroit.
   (Elle s'effondre en appelant au secours).

SCÈNE V.

TRISTAN ET ISEULT

*(Les parents d'Iseult soutiennent leur fille. Roald
et Governal avec la foule rentrent. On s'agenouille et
prie pendant que le glas tinte à l'église prochaine).*

> Ouvre ton sein, Seigneur,
> A l'âme qui t'appelle
> Et remonte au bonheur
> Confondu dans le chœur
> Immense, splendide des anges,
> Près de toi chantant tes louanges.

PREMIER ASSISTANT

Le village est en deuil et l'on prie à l'église.
Mais tout le monde adore et regrette le preu,
Pour son amour du chant, ses exploits, sa franchise.

DEUXIEME ASSISTANT

Quand tout lui souriait, s'accordait à ses vœux.
Admiré pour sa gloire, on plaint sa destinée.
Il se serait éteint à deux pas du salut,
Le remède en la main de la reine obstinée.

PREMIER ASSISTANT *(qui aperçoit Iseult et Koherdin venant vers la maison)*

Au moment de l'atteindre elle manque le but.

DEUXIEME ASSISTANT

Lirait-elle, en passant, plus que par les présages,
Dans l'inutilité de son immense effort,
Le malheur qui la frappe écrit sur les visages ?
Pendant que le glas tinte et parle de la mort.

PREMIER ASSISTANT

Débarqué plus au nord, Mark a pris sa poursuite.

SCÈNE VI

(Les précédents s'écartent pour livrer passage à Koherdin suivi, à quelques pas, d'Iseult qu'entourent Dinas et Brangien).

KOHERDIN

Il nous aurait quitté ? Le vin aurait menti ?
C'est impossible, hélas ! Mais attendons la suite :
Iseult doit succomber quand Tristan est parti.
    (Koherdin s'avance pour recevoir Iseult en lui masquant la vue de Tristan).
Nous arrivons trop tard !

ISEULT

Trop tard ! est-ce possible ?

Mais je sais qu'il m'attend ! je n'appartiens qu'à lui ¡
Tu ne peux pas mentir, ô vin irrésistible !
   (*Elle se jette sur le corps de Tristan qu'elle enlace*).
Réunis à jamais à partir d'aujourd'hui !
Iseult est là ! Tristan ! ne me laisse pas seule !
   (*Elle se meurt*).

KOHERDIN

Les voilà côte à côte et pour l'éternité !
Son pauvre cœur broyé comme avec une meule !
   (*Brangien se jette sur sa maitresse. Au même moment Mark survient suivi des siens, l'épée au poing ;
mais devant ce spectacle il s'arrête et prend une ex-
pression de consternation et de pitié*).

BRANGIEN

Ils ont bu, par ma faute, ô reine de beauté !
Le philtre au vin magique et je me sens démente.
Et par mon imprudence, ô la fatale erreur !
J'aurais causé leur perte et prise d'épouvante,
Ne trouvant plus d'endroits pour cacher ma douleur.
   (*Brangien sanglote et s'enfuit la tête entre ses
mains. Le roi se recule et l'arrête au passage*).

KOHERDIN (*Sans rien voir de la scène précédente
prend sa sœur dans ses bras*)

Leurs secrets dévoilés, excuse ta rivale.
Vibrant au choc des leurs, ton cœur a frissonné,
Comme une feuille au passage de la rafale.
Le vin ensorceleur, de son but détourné,

Décuplant leurs plaisirs, les poussant à l'extase,
Les gardait comme au fond d'un palais de cristal,
Bien vite il a tonné sur la maison sans base.
Mais le grand preu, conduit à ce dénouement fatal,
Malgré le démenti que cette mort m'afflige,
M'a dit qu'il te gardait, pleurant sur ton destin,
Au lieu de cet amour qui donne le vertige,
Un sentiment plus doux, hélas ! bien que lointain.

MARK (*à son tour s'avance sur la scène, tenant*
Brangien par la main)

Oh ! que n'ai-je connu le secret de leur vie,
Au lieu de les traquer, je les eus protégés,
Trompé par l'apparence, alerté par l'envie,
Mesurez notre haine à nos coups échangés.
Je leur devins tyran au lieu d en être père,
Et touchant au bonheur, mais c'eut été trop beau !
Ne nous attardons pas, tant je me désespère
A des regrets trop vifs qui heurtent un tombeau.
Mais plutôt ma Brangien, unissons notre peine
Et comme père et fille où je te tends les bras.
Nous nous entretiendrons de Tristan, de la reine,
Je les aurais chéris, tu les idolâtras.
Dignes d'honneur, ô qu'on élève à leur mémoire
Un monument superbe entre les monuments,
Le bronze et le granit parlant de leur histoire,
Pour leur plus grand profit, que liront les amants...

Table des Matières

IMPRIMERIE SPÉCIALE D'ÉDITIONS ET REVUES

Louis NARBONNE

ATELIERS : Place des Jacobins, Pamiers (Ariège)
BUREAUX : 21, Rue Réaumur, Paris-3ᵉ